JN058209

私たちは宇宙の法則の中で存在している
私たちは永久に宇宙に存在し続ける
私たちはまた宇宙で会える

宇宙、そして地球の誕生

今から一五〇億年前にビッグバンという大爆発とともに、
宇宙は始まりを迎えました。

宇宙の始まりから約百億年後、すなわち約五〇億年前に
地球はできたとされています。
ビッグバンにより、チリやガスが渦巻いて
爆発の中心に集まったことで高温になり、
そこに核融合反応が起きて太陽が生まれました。
渦の外側ではガスが冷えて、多数の粒子になりました。

この粒子の集合体が多数の惑星となりました。
そのひとつが地球です。その他の代表的な惑星には、
水星、金星、火星、木星、土星、天王星、海王星などがあります。

地球は隕石の衝突によって次第に大きくなり、周囲は水蒸気で固まっていきました。水蒸気は徐々に冷え、雨となって降り注ぎ、海ができました。陸地に降り注いだ雨は、陸地の塩分を溶かして海に流れ込み、海は次第に塩分が濃くなっていきました。

ビッグバンによってできた粒子が集合して、地球になりました。

その後地球は冷えて、
水蒸気に覆われました。

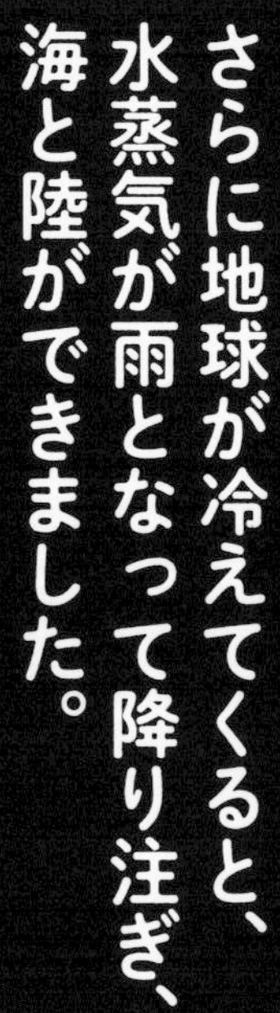

さらに地球が冷えてくると、
水蒸気が雨となって降り注ぎ、
海と陸ができました。

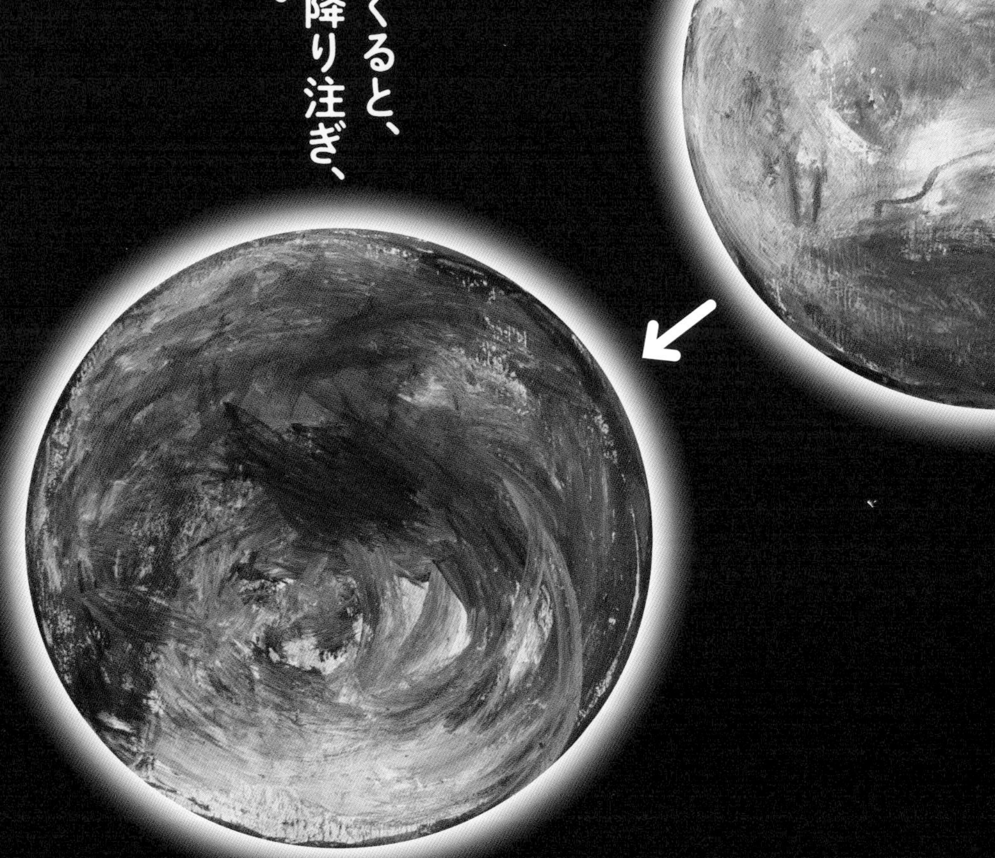

生命の起源

原始の地球では、大気中の成分から合成された非生物的な有機物がいくつも集まり、海中で「液滴（えきてき）」と呼ばれる状態になりました。

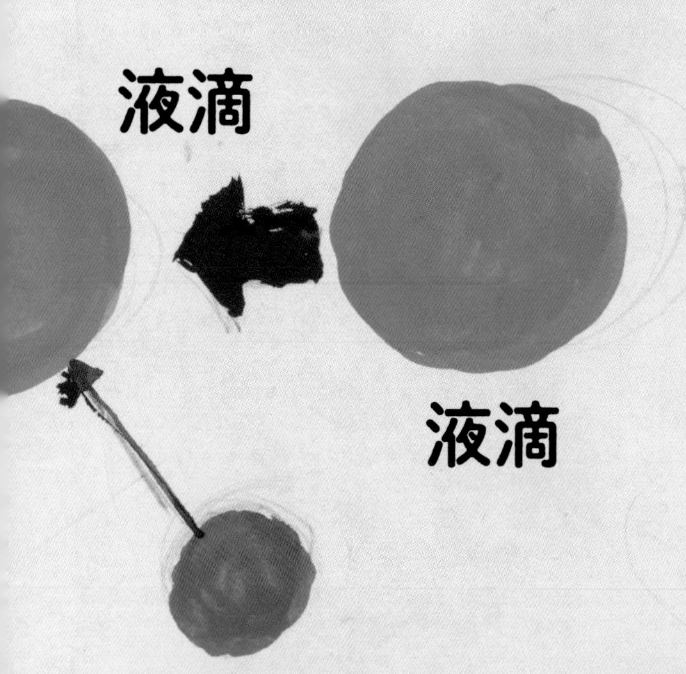

不溶性タンパク質が流入。

大きくなり
中央が
くびれてきて、

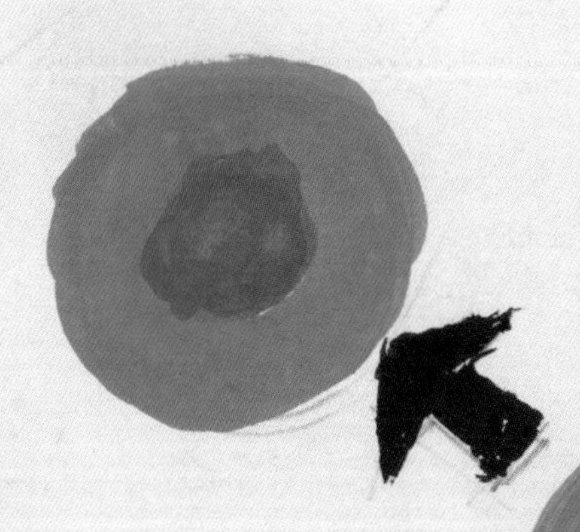

2つの液滴と
なります。

液滴は周囲の液体との境界面をつくろうとし、
脂質の外皮を集めて細胞膜をつくりました。
宇宙空間から流星が降り注ぎ、
生命の元となった化学物質や有機素体を
約十億年にわたり吸収して、細胞の元ができました。
その成分はアミノ酸、タンパク質、脂質、電解質です。

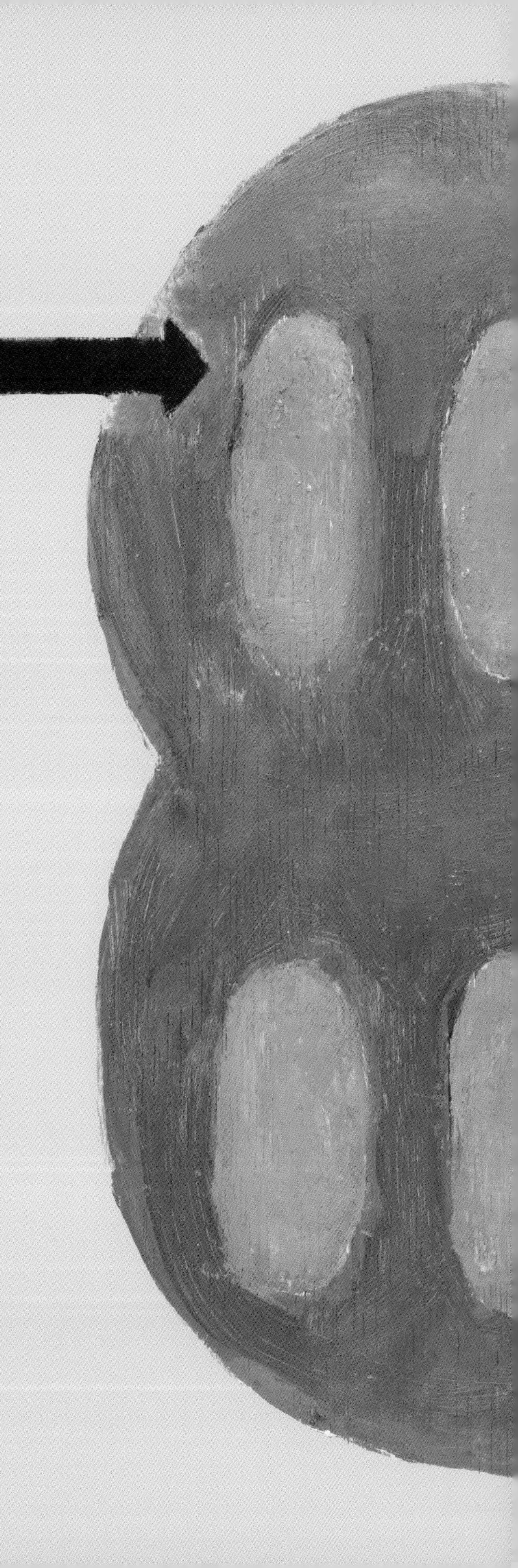

染色体

液滴の中でアミノ酸から染色体ができ、
遺伝子情報を伝える仕組みができ上がります。

ゴルジ体

タンパク質や糖の合成・分解に関与し、
老廃物を細胞外に排出する作用をもっています。

このようにしてできた細胞は分裂しながら進化し、
単細胞から複雑な細胞をもつ生物に発達していきました。

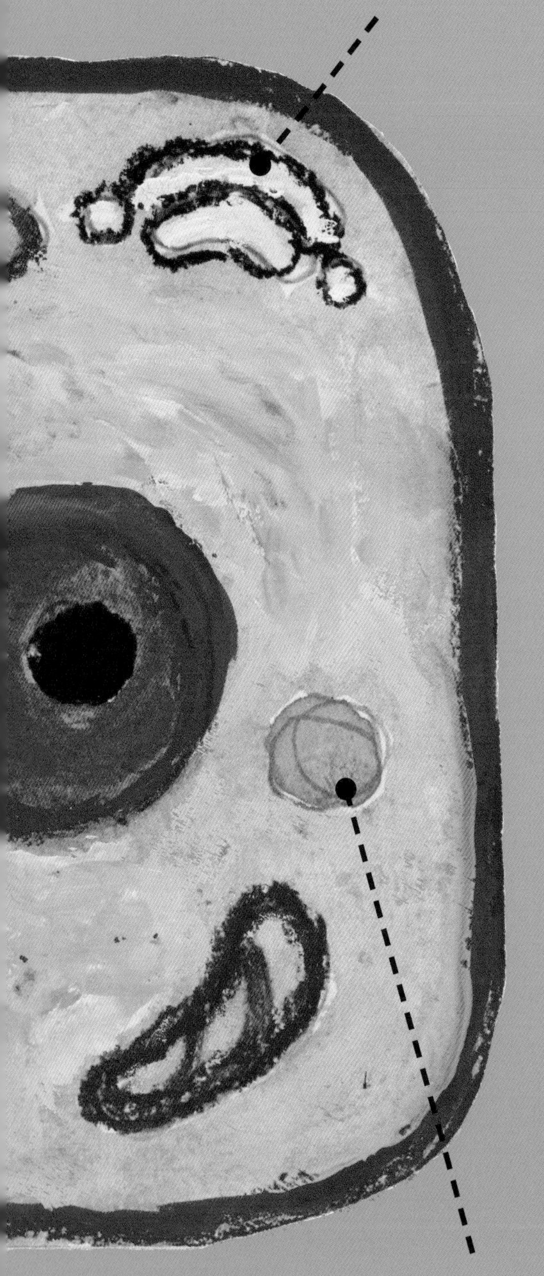

単細胞

リソゾーム

細胞内の消化に関与しています。

細胞核

細胞核には染色体が DNA に格納されています。
DNA はらせん状で、塩基、糖、リン酸が
ひとつずつ結合したものが最小単位となり、
塩基の並び方が生物の設計図になっています。
塩基はアミノ酸からなり、シトシン（C）、
グアニン（G）、チミン（T）、
アデニン（A）の４種があります。

ミトコンドリア

独自の DNA をもち、分裂、増殖し、
酸素呼吸に関与しています。

進化の過程

藻類（葉緑素）

アメーバ

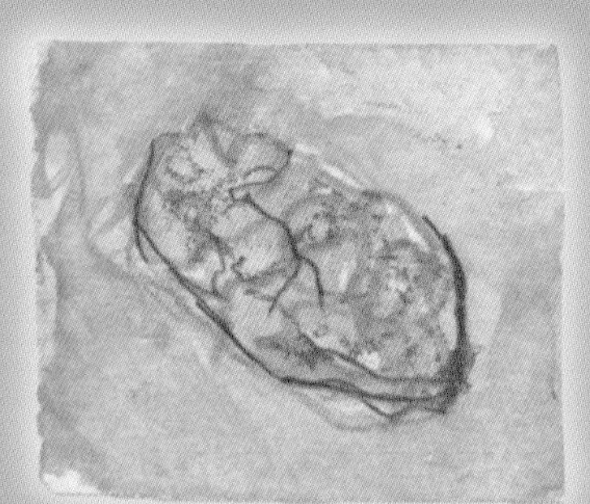

魚類

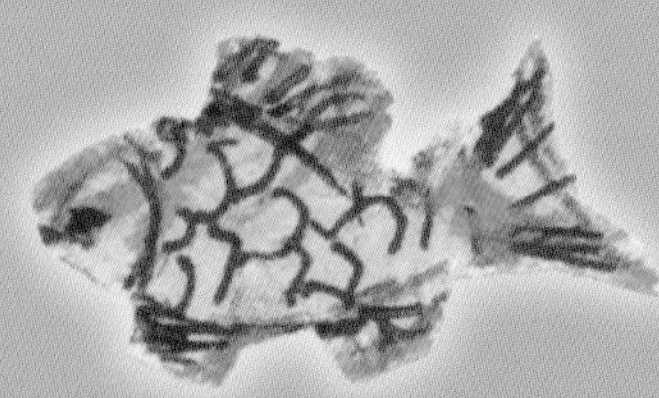

両生類

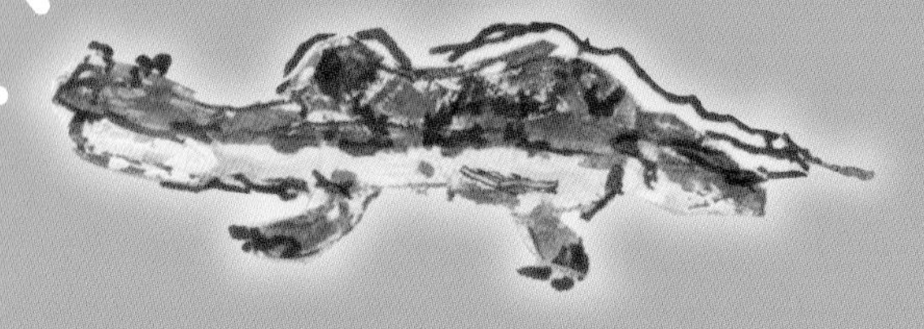

植物

動物は炭酸ガスを排出し、
植物は炭酸ガスを取り込んででんぷんをつくり、
栄養源としてその過程で酸素を放出し、
その酸素を動物は取り込んで生活しています。
動物と植物は共存しているのです。

鳥類

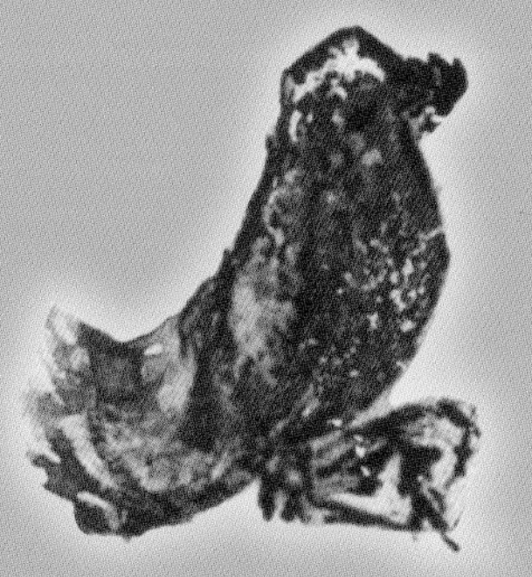

哺乳類

類人猿

人類

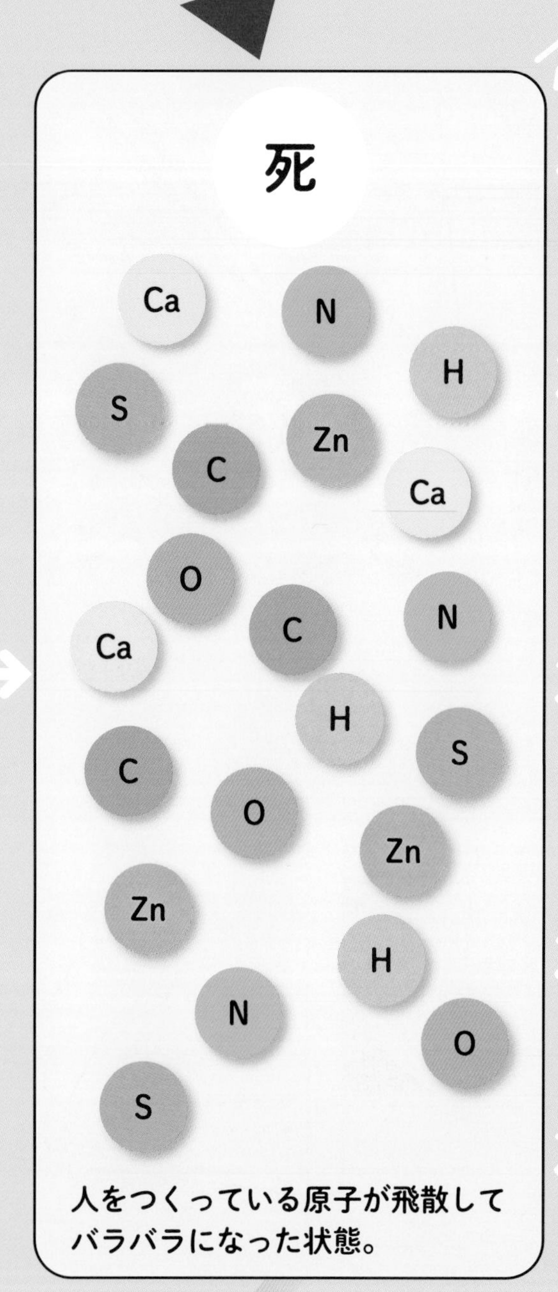

動植物や空気など、全ての物質は
原子が集まってできています。
人の生と死を原子レベルで表すと
左の図のようになります。

生

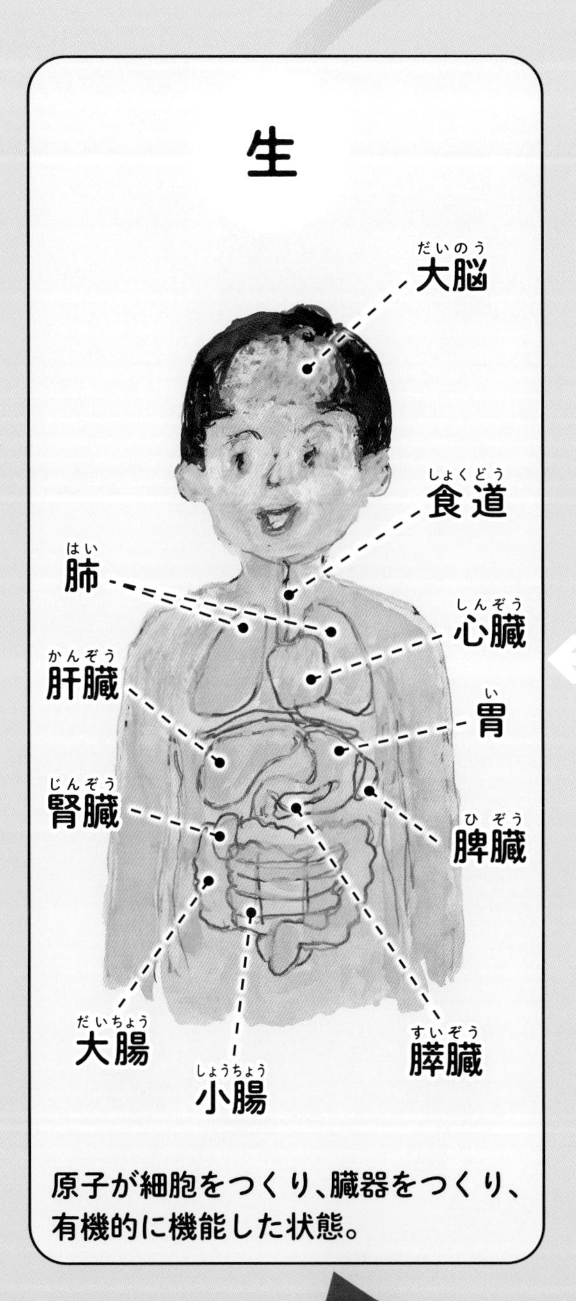

原子が細胞をつくり、臓器をつくり、有機的に機能した状態。

原子

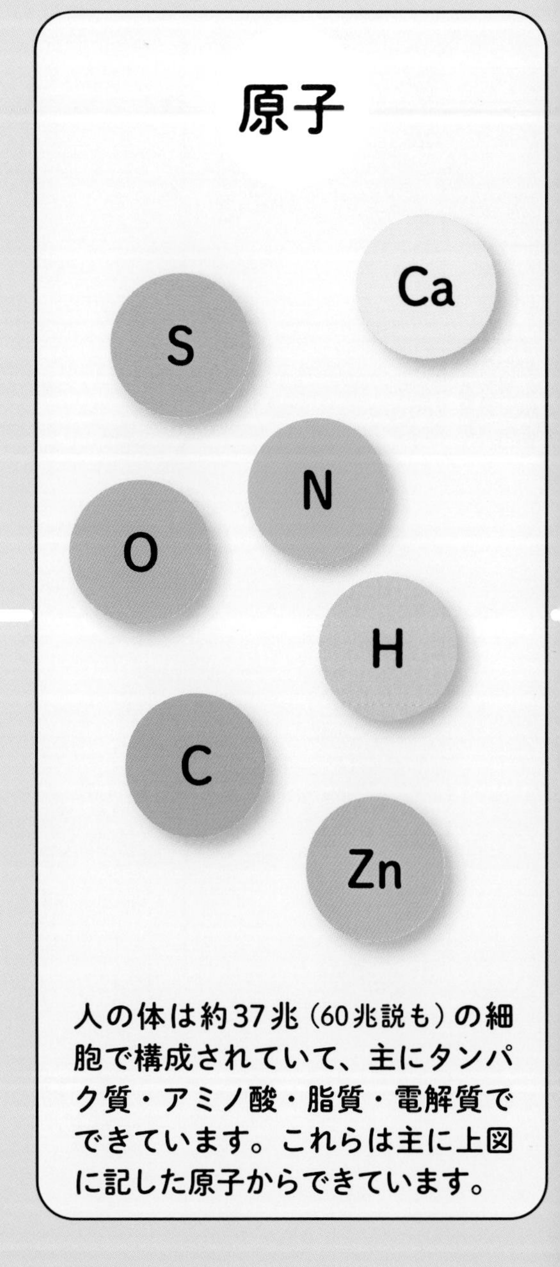

人の体は約37兆（60兆説も）の細胞で構成されていて、主にタンパク質・アミノ酸・脂質・電解質でできています。これらは主に上図に記した原子からできています。

人の体はさまざまな臓器からなり、臓器は原子の集まりです。
生と死を開示すると前ページの図のようになります。
生とは、原子が集まって有機的に機能している状態で、
死とは、原子がバラバラになり宇宙に飛散している状態ですが、
原子自体は宇宙に存在し続けることになります。
もしいつの日か、その人を構成している原子を集めて
配列し直すことができれば、
再びその人はこの世に戻ってくることができるのです。

生命科学者の柳澤桂子氏が、仏教の神髄ともいえる般若心経を科学的に美しい現代語に訳した『生きて死ぬ智慧』（堀文子氏・画　小学館発行）という本があります。その中に、

お聞きなさい
あなたも　宇宙のなかで
粒子でできています
宇宙のなかの
ほかの粒子と一つづきです
ですから宇宙も「空」です
あなたという実体はないのです
あなたと宇宙は一つです
宇宙は一つづきですから
生じたということもなく
なくなるということもありません

という文章があります。
粒子を原子におきかえると私の考えと同じであると思います。

生と死、そして原子のことを歌ったアメリカ先住民の詩があり、その歌詞を紹介します。

Do not stand at my grave and weep;
I am not there, I do not sleep.

I am a thousand winds that blow.
I am the diamond glints on snow.
I am the sunlight on ripened grain.
I am the gentle autumn's rain.

When you awaken in the morning's hush,
I am the swift uplifting rush
Of quiet birds in circled flight.
I am the soft stars that shine at night.

Do not stand at my grave and cry;
I am not there, I did not die.

（出典：『千の風になって』新井満・日本語詩／2003 年、講談社）

これを訳してみると、下のようになります。

私のお墓の前に立って泣かないでください
そこに眠っていません

私は吹き流れているたくさんの風になっています
私は雪の上でダイヤモンドのように輝いています
私は太陽となって穀物を実らせています
私はまた優しい秋の時雨にもなります

静かな朝にあなたが目を覚ますとき
燕（つばめ）となって
空を飛び回っています
私は夜の優しい星の光です

私のお墓の前に座り泣かないでください
私はそこにいません

私はこの宇宙のどこかで生きています

私たちは宇宙から来て宇宙に帰るので、
宇宙的規模で考えると、
私たちは宇宙の中で永遠に不滅なのです。

あとがき

私がこの絵本を書くきっかけとなったのは、名古屋大学医学部の学生だった頃、解剖学、組織学、生化学などを学び、人間を含め全ての生物は主に炭素（C）、水素（H）、窒素（N）、酸素（O）、亜鉛（Zn）、硫黄（S）、カルシウム（Ca）などからできていることを学んだからです。

そして、生きている間はこれらが臓器となり有機的に機能していますが、死んでしまうとこれらが原子となり宇宙に飛散してしまうと思いました。でも、ジグソーパズルのようにバラバラになった原子を集めて元通りに配列できれば、元の人間が再現できると思うようになりました。

既存の宗教は、人生を生きる道しるべを教えるものとして、その時代の為政者が利用して民衆に広めたものので、この世をつくったものを天地創造の主としてあがめてきました。

私はこの世をつくったものは宇宙で、宇宙の中で生物が誕生し、進化して人が生まれたと思っています。人をつくっているのは各種の原子ですが、宇宙はこれらの原子をつくっています。

このことを医学部の学友時報に投稿したところ、大学の教授や医師たちから、感動したという手紙を頂きこの考えに自信を感じました。

また、私の友人にもこの話を語ったことがあり、その人の友が亡くなり、その奥さまに私のこの考えを伝えたところ、涙を流して喜ばれたと聞き、さらにうれしくなりました。

もしこのことを多くの人たちに理解していただけたら、この上ない幸せと思います。

なお絵については、長年美術の教師をしておられた吉池作衛氏にご協力を頂きました。

清水　健（しみず　たけし）

1932年　長野市出身（東京生まれ）
1951年　長野県立屋代高校卒業
1957年　名古屋大学医学部卒業
1963年　アメリカ合衆国 Duke 大学胸部外科留学
1965年　アメリカ合衆国 Northwestern 大学病院外科留学
1979年　名古屋大学医学部講師
1981年　金沢医科大学胸部心臓血管外科教授
1994年　医療法人コスモス理事長
2011年　社会福祉法人ウエルフェアコスモス理事長兼任
2020年　長野県老人保健施設協議会会長

著　書　「医師50年　研究と臨床の軌跡」（共著）　2008年、医歯薬出版
「胸部臓器の移植と置換」（D.K.C. クーパー＆D. ノヴィツキー著）（翻訳）
1992年、金沢医科大学出版局
その他多数
小説「ゴッドハンド　愛の誓い」（ペンネーム武川謙三）2015年、ほおずき書籍

吉池　作衛（よしいけ　さくえ）

1951年　長野県立屋代高校卒業
1955年　信州大学教育学部卒業

中学校の図画工作・美術の教師を40年務めたのちに定年で退職
その後美術公募団体「一期会」の委員を務め、努力賞、群馬県知事賞などを受賞
成人学校にて絵画の講師を15年間続けている

表紙提供　株式会社共立プラニング

改訂 人は宇宙から来て宇宙に帰る

2021年4月30日　初　版第1刷発行
2023年5月20日　第2版第1刷発行

著　　者　清水　健
発　　行　小学館スクウェア
〒101-0051
東京都千代田区神田神保町2-19　神保町SFII 7F
Tel：03-5226-5781　Fax：03-5226-3510
印刷・製本　中央精版印刷株式会社

もくじ

なまめかし

奈良・平安の文学と日本のこころ

加藤 要

駒草出版